NARA - 13 32

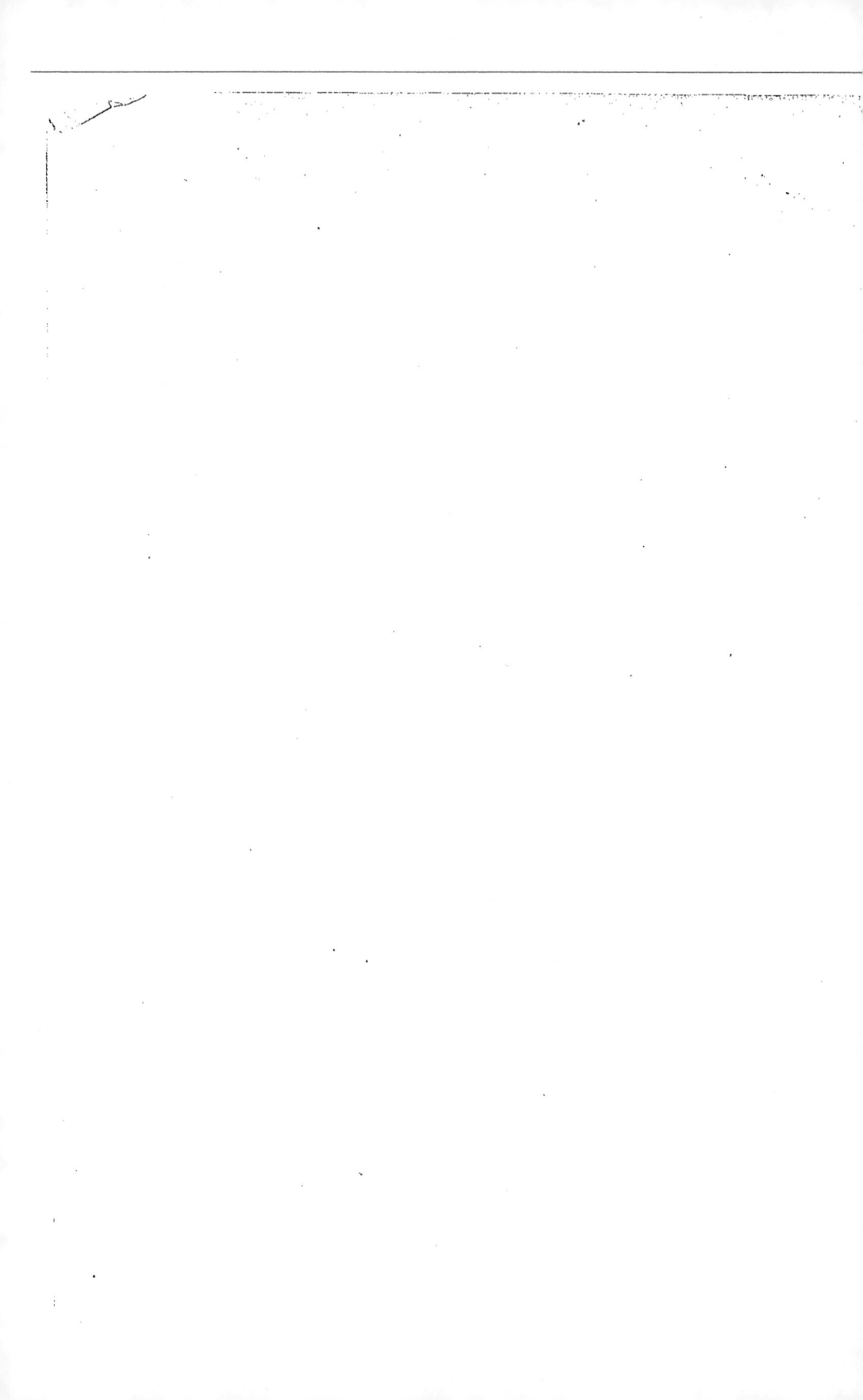

Aux Actionnaires-Fondateurs

DU

Canal de Suez

ÉTUDE

SUR

L'AVENIR DE LA SOCIÉTÉ

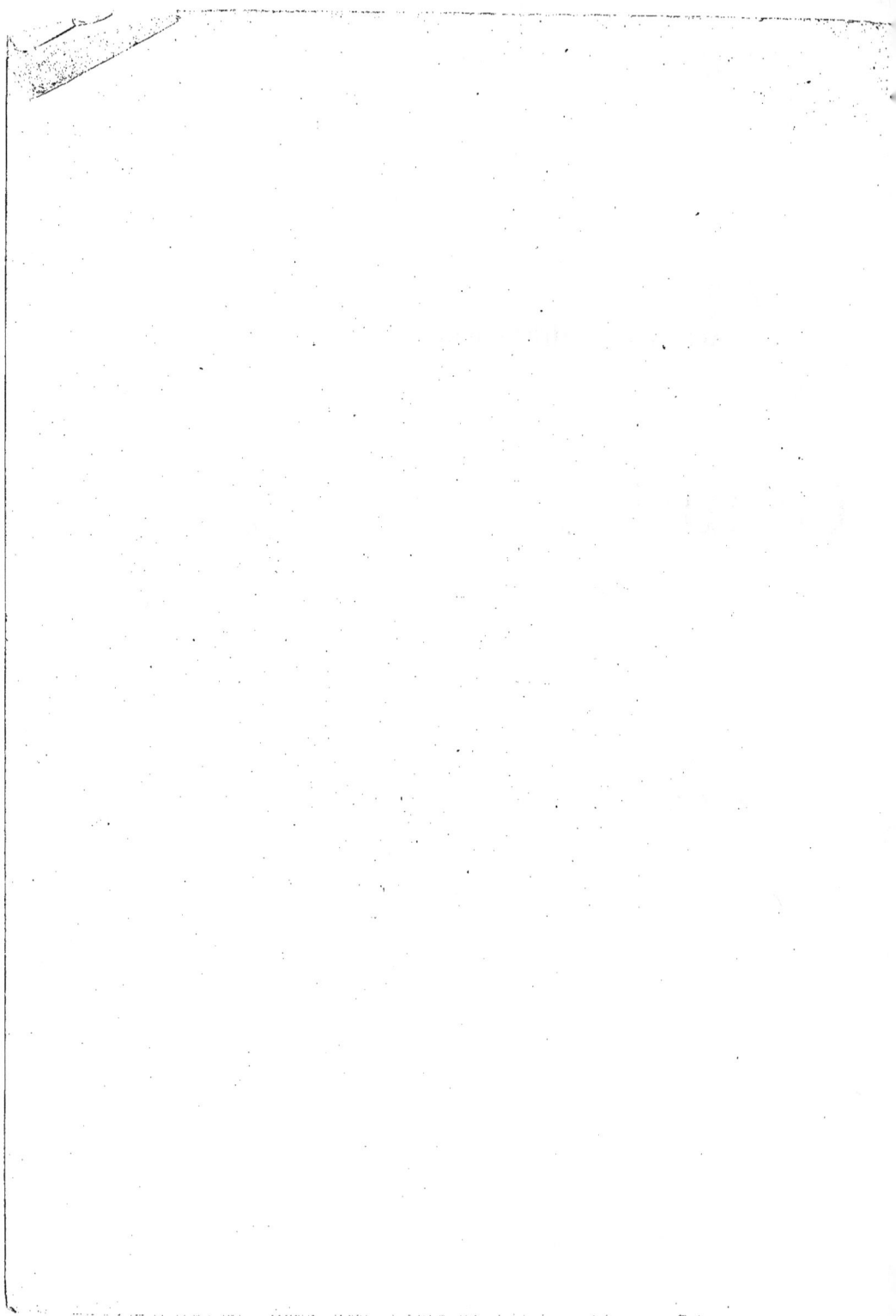

Aux Actionnaires fondateurs

DU

CANAL DE SUEZ

ÉTUDE SUR L'AVENIR DE LA SOCIÉTÉ

I

Le Canal de Suez est, sans contredit, la plus grande œuvre de ce siècle ; le génie de l'homme, l'art et la science y ont fait des prodiges ; la civilisation en bénéficie ; pour le commerce et l'industrie, on peut, sans être taxé d'exagération, le comparer à une mine d'or. Mais, tandis que dans celle-ci le filon peut disparaître et amener la ruine après le succès, dans le Canal de Suez, au contraire, cette crainte doit s'effacer, rien ne pourra tarir ce trésor ; ses revenus deviendront fabuleux, car il arrivera un jour, plus prochain qu'on ne pense, où tout le commerce de l'Orient passera par le Canal.

Le trafic des chemins de fer augmente par la force des choses ; cependant, il y a toujours entre les diverses lignes plus ou moins de concurrence. Dans le Canal, aucune n'est possible, c'est l'unique route pour aller aux Indes et pour en revenir. C'est un monopole sans rival, assurant d'immenses bénéfices à ses fondateurs.

Grâce à ce gigantesque travail, la route entre l'Orient et l'Occident est abrégée de trois mille lieues. *Time is money.*

Le Canal est aujourd'hui presque exclusivement alimenté par le commerce anglais ; il le sera de plus en plus , les grands navires en construction sur les chantiers britanniques pour ce trafic spécial, démontrent la résolution prise par nos voisins d'abandonner, pour cette voie, toute autre route de l'Inde.

Soyons donc fiers, l'affaire est essentiellement française, et soyons heureux, c'est l'argent de l'étranger qui en constituera les bénéfices. L'orgueil national, aussi bien que l'intérêt matériel, doit donc conseiller à chacun d'avoir en portefeuille une action du Canal de Suez, et de partager ainsi l'honneur d'avoir contribué à cette conquête pacifique, à nulle autre pareille.

Cette entreprise fut jugée très sévèrement à son origine ; les plus grands savants, les hommes politiques les plus éminents, Palmerston en tête, qualifièrent l'œuvre de folle, et pendant les premières années, on n'en parlait que comme d'un conte de fées.

Aujourd'hui, grâce à l'énergie persévérante de M. de Lesseps, ce grand problème a été résolu de la manière la plus éclatante, la plus indiscutable, et les résultats peuvent en devenir incalculables ; c'est ce que nous allons nous efforcer de démontrer.

II

La Compagnie Universelle du Canal Maritime de Suez a été constituée le 15 décembre 1858, au capital de 200 millions de francs, divisé en 400,000 actions de 500 francs chacune, produisant 5 pour 0/0 d'intérêt, aux échéances du 1er janvier et du 1er juillet.

Les 200 millions de capital ont été souscrits comme suit :

> 88 millions par le gouvernement égyptien ;
> 110 millions en France ;
> 2 millions dans divers pays étrangers.

Total égal : 200 millions.

Les produits nets ou bénéfices, après prélèvement de la somme nécessaire pour servir aux actions un intérêt annuel de 25 francs, sont répartis de la façon suivante :

1° 15 pour 0/0 au gouvernement égyptien ;
2° 10 pour 0/0 aux fondateurs ;
3° 2 pour 0/0 aux Administrateurs ;
4° 2 pour 0/0 pour la Caisse de retraite des employés ;
5° 71 pour 0/0 comme dividende à répartir entre toutes les actions.

L'amortissement des actions s'effectuera en quatre-vingt-dix-neuf ans, au moyen d'une annuité de fr. 0,04 0/0 du Capital social, et de l'intérêt à 5 pour 0/0 des actions successivement remboursées.

La Compagnie a fait un emprunt de 100 millions, réalisé pour partie en septembre 1867, et complété en juillet 1868, lorsque la loi du 16 juin de cette même année l'eut autorisée à émettre les titres de cet emprunt, remboursables avec lots par la voie du sort.

Ces obligations ont été émises à 300 francs, jouissance du 1er octobre 1867. Elles produisent un intérêt annuel de 25 francs, payable par semestre, les 1er avril et 1er octobre de chaque année.

Elles sont remboursables à 500 francs en cinquante années, par voie de tirages trimestriels, ou par l'un des lots suivants :

Le premier numéro sortant par	150.000 francs.
Les deuxième et toisième numéros sortants par 25,000 fr. . .	50.000 francs.
Les quatrième et cinquième numéros sortants par 5,000 fr. . . .	10.000 francs.
Les vingt numéros suivants par 2,000 fr.	40.000 francs.
Total par trimestre	250.000 francs.

Les tirages ont lieu les 15 mars, 15 juin, 15 septembre et 15 décembre de chaque année. Le premier tirage a eu lieu le 15 septembre 1868.

Au mois d'août 1869, en vertu d'une convention passée le 23 avril précédent avec le Vice-Roi d'Égypte, et en exécution de la décision de l'Assemblée générale des Actionnaires du 2 août de la même année, la Compagnie a fait une émission de 120,000 délégations de coupons d'actions.

Ces titres ont été émis à 270 francs.

Ils donnentdroit, pendant vingt-cinq ans, aux revenus acquis aux 176,602 actions du gouvernement égyptien.

Les produits réalisés en sont répartis ainsi :

1° Sous le titre d'intérêts, jusqu'à concurrence de 25 francs par délégation ;

2° Sous le titre d'amortissement au moyen d'un remboursement à 500 francs par titre, calculé conformément aux usages ;

3° Sous le titre de répartition complémentaire ou de dividende, par le paiement de tout le surplus du revenu acquis aux 176,602 actions du Vice-Roi.

Ces distributions de produits ont lieu par semestre, les 1er janvier et 1er juillet de chaque année.

Au fur et à mesure des amortissements, il est remis, en échange des titres remboursés, de nouveaux titres de jouissance qui profiteront jusqu'à l'expiration des vingt-cinq années (1er juillet 1894) de la répartition complémentaire énoncée au paragraphe 3 ci-dessus.

Conformément au vote de l'Assemblée générale des Actionnaires, en date du 24 août 1871, la Compagnie de Suez a mis, en outre, en souscription, au mois de septembre suivant, 200,000 bons trentenaires représentant un emprunt de 20 millions de francs.

Lorsque le nombre des bons placés fut de 120,000, la Compagnie arrêta la souscription. Elle conserve en portefeuille les 80,000 bons restant à émettre.

Ces bons ont été émis au prix de 100 francs. Ils rapportent 8 francs, payables les 1er mars et 1er septembre de chaque année.

Le premier coupon est échu le 1er mars 1872.

Ces titres sont remboursables à 125 francs, en trente années, au moyen de tirages qui ont lieu le 1er août de chaque année, à partir de 1872.

Par suite de l'insuffisance des recettes, la Compagnie se trouvant en retard des 7 coupons d'intérêts d'actions, numéros 25 à 31, échus du 1er juillet 1871 au 1er juillet 1874, l'Assemblée générale des Actionnaires du 2 juin 1874 a décidé la consolidation de ces sept coupons, au moyen d'un titre représentatif, au Capital de 85 francs, produisant un intérêt annuel de 4 francs 25 c., payable le 1er novembre de chaque année.

En exécution de cette décision, il a été émis 400,000 de ces titres, remboursables à 85 francs, en quarante années, par voie de tirage au sort.

Le premier tirage doit avoir lieu le 1er novembre 1882.

En résumé, les charges de la Compagnie s'élèvent, y compris les intérêts, l'amortissement des obligations et des bons trentenaires, l'intérêt à payer aux titres de bons consolidés, le traitement du Commissaire du gouvernement égyptien, etc.. etc., etc., à . . . . Fr. 11.700.000

Les frais généraux et d'entretien de la Société, qui ne pourront que diminuer, atteignent, d'après les comptes présentés aux Assemblées générales des trois dernières années, au maximum. . . . . . Fr. 6.500.000

Ensemble . . . . . . Fr. 18.200.000

En ajoutant à cette somme . . . . Fr. 10.000.000
représentant l'intérêt statutaire à 5 pour 0/0 aux 400,000 actions,

on arrive à un Total de . . . . Fr. 28.200.000

Au-dessus duquel tout est dividende à distribuer, comme il a été dit ci-dessus, en conformité de l'article 63 des statuts.

III

Nous avons indiqué ci-dessus quelle était la constitution financière de la Compagnie Universelle du Canal Maritime de Suez; il nous reste maintenant à rechercher quels sont les éléments de richesse et de succès réservés aux actionnaires et aux fondateurs de cette entreprise gigantesque, tant critiquée, tant combattue, et qui, si elle a compté beaucoup de détracteurs, a su grouper autour d'elle un grand nombre d'amis intelligents et dévoués, qui ont soutenu la foi et l'énergie de M. Ferdinand de Lesseps, et lui ont permis de mener à bonne fin une œuvre qu'on peut, à juste titre, appeler la huitième merveille du monde!

Nous nous sommes servi pour établir nos calculs des documents officiels publiés par les Douanes des diverses contrées de l'Europe, et nous avons puisé nos chiffres dans les publications faites par la Compagnie elle-même; nos évaluations ont été établies avec une si extrême modération, que nous ne craignons pas d'être démenti dans nos appréciations.

Mais avant d'entamer la question de chiffres, il est indispensable d'entrer dans quelques considérations générales sur le commerce entre l'Orient et l'Occident ; car il y a lieu d'appeler l'attention du lecteur sur les causes qui nous semblent devoir provoquer une augmentation considérable de trafic entre l'Europe, l'Asie, l'Australie et l'Amérique.

Le total des échanges commerciaux entre les pays d'Europe et l'Extrême-Orient a été pour l'année 1874 de 4,500,000 tonnes (dont une partie 43/100 emploie déjà la voie du canal) représentant environ 5,500,000 tonnes de marchandises réellement transportées. Ces chiffres ne portent absolument que sur le commerce entre l'Europe et l'Asie.

On peut espérer que, quand la navigation à vapeur aura acquis une plus grande extension et que les États-Unis de l'Amérique se seront complétement relevés des suites de la guerre de la sécession, une partie des échanges entre la côte occidentale d'Amérique et les ports de l'Asie se fera par la voie du Canal.

De même, nous n'avons pas fait entrer en ligne de compte le commerce entre l'Europe et l'Australie, parce que nous ne saurions en faire une évaluation exacte, mais nous avons la conviction que, de ce côté encore, à la suite de circonstances commerciales qu'aucun précédent ne nous permet de prévoir et de déterminer, le mouvement se développera dans un temps très rapproché entre les deux continents, et qu'il sera représenté dans le nombre de tonnes employant la voie du canal, pour un chiffre considérable.

L'augmentation du commerce général entre l'Europe et l'Extrême-Orient, basée sur une période de 20 années, avant l'ouverture du canal de Suez, est de 2 % environ par an ; mais depuis cette époque, les progrès réalisés permettent de compter, dans un temps rapide, sur un développement beaucoup plus considérable, auquel vont contribuer et contribueront davantage encore, d'année en année, la construction des chemins de fer en Asie, l'établissement de nouveaux débouchés et le développement de la navigation à vapeur.

Il y a lieu de tenir compte, en outre, de ceci : que, depuis une quinzaine d'années, douze ports de la Chine nous sont seulement accessibles. Qu'est-ce que cela, comparé à l'immensité de cet empire, le plus peuplé, le plus avancé, et en même temps le plus arriéré de l'Asie, et qui, forcément, nous sera un jour entièrement ouvert ?

Le Japon, également, pays si riche et si fertile, dont le peuple est éminemment industrieux, n'est entré en relations avec les Européens que depuis dix ans environ.

Il est donc facile de voir combien d'éléments se combinent pour amener, dans un délai très rapproché, le développement du mouvement commercial qui doit se produire, grâce au percement de l'Isthme de Suez ; et nous allons démontrer tout à l'heure que les faits donneront bientôt raison à l'illustre Président de la Compagnie Universelle du Canal de Suez, lorsqu'il disait aux actionnaires au milieu des sourires incrédules de ses détracteurs :

« DANS UN AVENIR TRÈS PROCHAIN, 6 MILLIONS DE TONNES DE MARCHANDISES TRANSI-

« TERONT A TRAVERS LE CANAL DE SUEZ, ET VOUS APPORTERONT, MESSIEURS, LA
« RÉCOMPENSE DE VOTRE PATIENCE ET DE VOS EFFORTS. »

Pendant l'année 1874, le total des recettes de la Compagnie du Canal de Suez a été
de. . . . . Fr. 25.738 971,47
qui se décompose ainsi :

Fr. 22,817,479,33	sur 1,700,000 tonnes environ, avec surtaxe.
2,288,722,64	Recettes accessoires du Canal (passagers, pilotage, etc.)
632,769,50	Autres recettes d'exploitation.
25,738,971,47	Total égal.

En tenant compte de toutes les considérations developpées plus haut, qui doivent
amener l'augmentation du mouvement commercial, en lisant les journaux anglais et en
examinant attentivement les statistiques publiées, on est frappé de l'activité qui règne sur
tous les chantiers maritimes de la Grande-Bretagne, et du nombre considérable de
grands navires à vapeur, en construction, destinés aux transports commerciaux
avec l'Extrême-Orient, par la voie du Canal. On ne doit donc pas être surpris
si, dès les premiers mois de 1875, le quantum d'augmentation des recettes de la Compagnie de Suez s'est tout à coup accru d'une façon sensible, et il est, en conséquence, permis
d'établir que la recette de l'année 1875 portera sur 2,100,000 tonnes, au minimum,
produisant . . . . Fr. 27.300.000, »

Recettes accessoires (pilotage, passagers, remorquage, etc.) . 2.650.000, «

Autres recettes . . . . 650.000, »

Ensemble. 30.600.000, »

En y ajoutant la somme d'environ. . . . . 3.000.000, »
qui restera disponible sur l'exercice 1874 (1)

on obtiendra pour l'exercice 1875. . . . . 33.600.000, »

La recette totale de 1876, porterait sur 2.700.000 tonnes, et
produirait un total de. . . . . 37.300.000, »

Le nombre de tonnes transitées en 1876 ayant dépassé 2,600,000 tonnes, la surtaxe cesse, à partir de l'année suivante, d'ètre due. En effet, comme l'on sait, la Com-
mission internationale a décidé que lorsque le chiffre de 2,600,000 tonnes serait atteint,
cette surtaxe, jusque-là exigible, cesserait d'être acquittée. Dès lors, à partir de 1877,

(1) Les comptes de l'Exercice 1874 n'ont pas encore été publiés, mais il est facile, étant donné le mon-
tant des dépenses de la Compagnie, de reconstituer le chiffre signalé, en se servant des publications déca-
daires.

es armateurs ayant acquis la certitude absolue que la taxe maxima qu'ils auront à payer désormais ne sera plus que de 10 francs, il est permis de croire que cet état de choses donnera une impulsion nouvelle au transit par le Canal et que son augmentation prendra des proportions considérables. En admettant que la progression ne se fasse pas sentir dès la première année de la réduction des droits de transit à 10 fr. la tonne officielle, on peut estimer cependant que la recette totale du Canal sera pour 1877, de. . . . . Fr. 40.000.000, »

représentant une distribution de 45 fr. par titre, et que, dès l'année 1878, la presque totalité sinon la totalité du mouvement entre l'Orient et l'Occident emploiera la voie du Canal de Suez pour ses échanges, d'où on peut conclure que le minimum de la recette pour 1878, ne sera pas inférieur à . . . . Fr. 50.000.000, »

Ce qui permettrait de donner à l'action, en intérêt et dividende, plus de 60 francs.

On le voit, l'accomplissement de la prédiction de M. Ferdinand de Lesseps n'est pas bien éloignée, et l'illustre promoteur de l'entreprise du canal de Suez ne verra pas, à partir de 1878, s'écouler deux années avant que le produit de l'œuvre que le monde doit à son génie et à sa persévérance, n'ait réalisé ce chiffre fantastique de fr. . 60.000.000

de recettes, annoncé à ses associés. L'action recevrait dans ce cas : fr. 78.50.

Le mouvement commercial entre l'Orient et l'Occident s'arrêtera-t-il là? Nous ne le pensons pas.

Dans quelle proportion s'augmentera le transit par le Canal de Suez?

Nous ne saurions le préciser, l'avenir répondra pour nous !

Mais pour s'en faire approximativement une idée, il suffit de se rappeler ce qu'était autrefois le roulage en Europe et ce qu'est devenu, dans les mêmes contrées, le trafic par les chemins de fer.

Ces chiffres peuvent se passer de commentaires ; il est bon, cependant, de dire en finissant cette étude, que, pour déterminer d'une façon exacte la valeur représentative de l'action du Canal de Suez, il faut se rappeler que la Compagnie est propriétaire d'un domaine considérable, 10,000 hectares environ, avec de nombreuses constructions, et que ces terrains ont déjà acquis et acquerront encore (1), par suite de l'extension que prendront les affaires du Canal, une plus-value considérable, qui peut se chiffrer par dizaines de millions.

Dans cette situation, chaque intéressé doit juger à quel taux il convient de capitaliser un titre qui, dès l'année 1878, rapportera plus de 60 fr. deux ans plus tard, tout près de 80 fr., et auquel l'avenir réserve certainement des revenus beaucoup plus élevés encore.

_____

(1) A Port-Saïd, les terrains situés au bord du Canal se vendent 50 francs le mètre.

Il nous reste, pour terminer, à donner un conseil à ceux qui ont contribué à fonder cette œuvre grandiose. On leur dit : « La spéculation s'est emparée de votre valeur, c'est elle qui fait monter les titres, car ce n'est qu'en escomptant l'avenir qu'on a pu les amener aux cours auxquels ils ont été cotés dernièrement. »

Nous leur dirons, nous :

« Prenez garde au piège qu'on vous tend ! La spéculation n'est pas si téméraire qu'on pourrait le croire ; si elle achète en vous laissant espérer que, si vous vendez, vous pourrez reprendre à des cours inférieurs, c'est à bon escient qu'elle le fait ; elle veut tout simplement faire passer vos titres de vos mains dans son portefeuille. »

Gardez donc sans crainte ! vous serez bientôt récompensés de votre persévérance.

DE PEBORDE.

Versailles, 31 mars 1875.

PARIS. — IMPRIMERIE ALCAN-LÉVY, 61, RUE DE LAFAYETTE.

www.ingramcontent.com/pod-product-compliance
Lightning Source LLC
Chambersburg PA
CBHW050355210326
41520CB00020B/6318